Bibliografische Information der Deutschen Nationalbibliothek:

Die Deutsche Bibliothek verzeichnet diese Publikation in der Deutschen National-
bibliografie; detaillierte bibliografische Daten sind im Internet über http://dnb.d-
nb.de/ abrufbar.

Impressum:

Copyright © 2017 GRIN Verlag
Druck und Bindung: Books on Demand GmbH, Norderstedt Germany
ISBN: 9783668661356

Dieses Buch bei GRIN:

https://www.grin.com/document/416309

Joey Lukas

Der Schlafmohn (Papaver somniferum). Von der Nutzpflanze zum Medikament

GRIN Verlag

Universität Koblenz-Landau; Campus Koblenz

FB 3: IfIN Abteilung Biologie

Master of Education

Modul 13 A – Nutz- und Heilpflanzen

Papaver somniferum

Hausarbeit

Sommersemester 2017

Joey Lukas

Inhaltsverzeichnis

1. Nennung des Themas

Im Rahmen des Seminars „Nutz- und Heilpflanzen" soll eine vertiefende Betrachtung am Beispiel des Schlafmohns *Papaver somniferum* L. erfolgen. Der Schlafmohn gilt nicht als ursprüngliche, wilde Mohnart, sondern als Resultat jahrhundertelanger Züchtung und Selektion durch den Menschen. Früheste Funde aus der Jungsteinzeit weisen darauf hin, dass der Mohn von Menschen als Nutzpflanze kultiviert wurde. Genutzt wurden die ölreichen Samen als Nahrungsquelle und die pharmakologisch aktiven Alkaloide des Milchsafts als Rauschmittel oder als Arznei. Das macht den Schlafmohn zu einer für den Menschen wichtigen Nutz- und Heilpflanze. Der Artname *somniferum* bedeutet übersetzt „schlafbringend" und weist auf die Anwendung der analgetisch (schmerzlindernd) und hypnotisch (schlaffördernd) wirksamen Alkaloide hin. Sie sind die Basis für viele wichtige (synthetische) Medikamente, vor allem in der Schmerztherapie.

2. Begründung der Themenwahl

Der Schlafmohn begleitet den Menschen als Kulturpflanze seit vielen hundert Jahren. Im Laufe der Geschichte ist die Kultivierung auf nahezu allen Kontinenten nachgewiesen. Schwerpunkt lag dabei im südöstlichen Europa (Griechenland und Italien), im nordöstlichen Afrika (Ägypten) und in Asien (Syrien, Türkei und China). Dabei wird der Mohn als Zierpflanze angebaut, seine Samen dienen als Nahrungsmittel und Öllieferant und die pharmakologisch wirksamen Alkaloide, vor allem das Morphin, wurden und werden für viele Menschen zum Segen oder zum Fluch. In der medizinischen Anwendung lindern Morphin und seine Derivate starke bis stärkste Schmerzen. Allerdings erzeugen Opium und Heroin eine starke Abhängigkeit. Ihr Missbrauch als Rauschgift führt oft bis zur Degeneration und bis zum Tod (KÜTTLER 2002). Die Anwendung als Medikament und der Missbrauch als Rauschmittel nimmt SEEFELDER zum Anlass, das Opium als janusköpfiges Gesicht zu bezeichnen (SEEFELDER 1996). Für den Bildungsauftrag der Schule ist dieses Dilemma aus Nutzen und Schaden zum Beispiel im Rahmen der Drogenprävention von Interesse.

Vor allem diesen Inhaltsstoffen verdankt der Schlafmohn auch seine Präsenz in Kunst, Mythologie und Literatur. Dort finden seine alkaloiden Inhaltsstoffe zum Beispiel in Goethes „Faust" Erwähnung:

Ich grüße dich, du einzige Phiole,

die ich mit Andacht nun herunterhole!

In dir verehr' ich Menschenwitz und Kunst.

Du Inbegriff der holden Schlummersäfte,

du Auszug aller tödlich Kräfte,

erweise deinem Meister deine Gunst!

Ich sehe dich! Es wird der Schmerz gelindert;

Ich fasse dich: das Streben wird gemindert,

des Geistes Flutstrom ebbet nach und nach.

Ins hohe Meer werd' ich hinausgewiesen,

die Spiegelflut erglänzt zu meinen Füßen,

zu neuen Ufern lockt ein neuer Tag.

Johann Wolfgang von Goethe. Faust: Der Tragödie erster Teil

Von besonderem Interesse ist die Pharmakologie und die Pharmakokinetik des Morphins und seiner Derivate im menschlichen Körper. Dort wirken sie vor allem an G-Protein-gekoppelten-Rezeptoren des zentralen Nervensystems, den sogenannten μ-Rezeptoren, wo sie zum einen die Schmerzweiterleitung hemmen (μ_1) und zum anderen Euphorie erzeugen und den Atemantrieb mindern (μ_2) (MÜLLER-ESTERL 2011). Die ausgeprägte Analgesie lässt sich auf die Wirkung der μ_1-Rezeptoren zurückführen. Diese sitzen supraspinal-subkortikal an der Schmerzumschaltstelle im Stammhirn. Atemdepression und Euphorie hingegen werden durch Aktivierung der μ_2-Rezeptoren vermittelt, die spinal, also im Rückenmark, an der Substantia gelatinosa sitzen (ROEWER & THIEL 2013). KÜTTLER unterscheidet drei unterschiedliche Wirkmechanismen: 1) Hemmung der Freisetzung exzitatorischer Transmitter über Opioidrezeptoren auf primäre afferente Nervenfasern, 2) die direkte postsynaptische Hemmwirkung auf andere Neuronen und 3) die Blockade sensorischer Neuronen in Rückenmark und Hirnstamm. Die atemdepressive Wirkung wird über die Abnahme der Empfindlichkeit von Chemorezeptoren gegenüber CO_2 in der Medulla oblongata erklärt. Diese fungiert als zentrale Stelle zur Regulation von Atmung und Blutkreislauf, sowie zur Steuerung der Schutzreflexe (KÜTTLER 2002).

Die analgetische Wirkung resultiert aus einer präsynaptischen Abnahme des zellulären Ca^{2+}-Einstroms (Hyperpolarisation). Postsynaptisch werden wiederum G-Protein-vermittelt K^+-Kanäle geöffnet. Der Kaliumionen-Ausstrom aus der postsynaptischen Zelle heraus führt ebenfalls zu einer Hyperpolarisation und inhibiert die Schmerzweiterleitung (EVANS 2004).

3

3. Vorstellung des Schlafmohns (*Papaver somniferum*)

Der Schlafmohn *Papaver somniferum* L. gehört zur Familie der Mohngewächse (Papaveraceae) und zur Ordnung der Hahnenfußartigen (Ranunculales). Die Gattung *Papaver* umfasst über 700 Arten. Der Schlafmohn selbst ist keine Urform, sondern das Ergebnis einer menschlichen Selektion, eine leistungsfähige Kulturpflanze, die der Mensch über Jahrhunderte nach seinen Erwartungen gezüchtet hat. Frühzeitliche Belege für die Kultivierung von Mohn wurden bei Ausgrabungen von Pfahlbauten aus der Jungsteinzeit (drittes Jahrtausend vor Christus) in der Schweiz und am Bodensee gefunden. Es wird vermutet, dass der Schlafmohn aus der Urform des Borstenmohns *Papaver setigerum* DC. entstanden ist. Allerdings wird diese Abstammung bis heute kontrovers diskutiert (SEEFELDER 1996). Wilde Mohnarten sind weltweit verbreitet. Einen besonderen Artenreichtum bergen die europäischen Hochgebirge, vor allem die Alpen, die Pyrenäen und der Kaukasus (GRÜMMER 1955). Seit der Antike wird der Mohn als Nutzpflanze, später auch als Zierpflanze angebaut. Aus dem gezielten Anbau resultiert eine Vielzahl an heutigen Zuchtformen. Als Beispiel sei die Zucht von „Schließmohn" genannt, dessen Kapselfrucht auch nach der Reife geschlossen bleibt. Im Gegensatz zum wilden „Schüttelmohn", dessen reife Fruchtkapsel sich an einer Pore öffnet, wird der Verlust von Mohnsamen durch diese Zuchtform vor der Ernte vermindert (BfR 2006).

Der Schlafmohn ist eine einjährige, krautige Pflanze, die eine Wuchshöhe zwischen 30 und 150 cm erreicht. Sie hat einen runden, aufrechten und fast unbehaarten Stängel, der sich im oberen Teil verzweigen kann. Die Laubblätter sind blaugrün, bewachst und länglich-eiförmig. Sie erreichen eine Länge von 5 – 15 cm und sitzen ohne Stiele direkt am Stängel, wobei die oberen Blätter den Stängel mehr oder weniger stark umfassen. Jeder lange, wenig behaarte Blütenstiel trägt an seinem Ende eine Blütenknospe, die vor dem Erblühen abwärtsgerichtet ist (s. Abb. 1a und b). Die Entfaltung der Blüte wird durch die Aufrichtung des gebogenen Blütenstiels eingeleitet (GRÜMMER 1955). Beim Öffnen fallen die zwei grünen Kelchblätter ab. Die Blüte ist radiärsymmetrisch und zwittrig mit einem Durchmesser von 5 – 10 cm. Die vier weißen bis violetten Kronblätter sind etwa doppelt so groß wie die Kelchblätter und tragen einen dunklen Fleck (Saftmal) am Grund (s. Abb. 1c). Die Blütezeit ist von Juni bis August. Im Inneren der Blüte finden sich zahlreiche Staubblätter sowie eine tellerförmige Narbenscheibe. Bei Ziermohnarten ist häufig eine größere Anzahl der Staubblätter zu Kronblättern umgewandelt, was zu einer voller aussehenden Blüte führt (GRÜMMER 1955).

Die Bestäubung der Blüten erfolgt meist nach wenigen Tagen durch Selbst- oder Windbestäubung bestäubt, die Kronblätter fallen rasch ab. Danach erkennt man die heranwachsende Kapsel unter der tellerförmigen Narbenscheibe (s. Abb. 2). In den Fruchtkapseln sitzen die zahlreichen Samen an den Scheidewänden, die von außen als Narbenstrahlen sichtbar sind. Der einzelne Samen ist hart, nierenförmig und 1 – 1,5 cm lang, mit netzartiger Oberfläche. Die Farbe des Samens ist sehr divergent, wobei der stahlblaue Samen der Wildform am nächsten kommt (GRÜMMER 1955). Die Mohnsamen enthalten 40 – 60 % fettes Öl (davon 62 % Linolsäure, 30 % Ölsäure, 5 % Palmitinsäure und 3 % Stearinsäure), 15 – 25 % Proteine und 3 % Zucker (Pentosane) (BfR 2006). Sie sind außerdem reich an Calcium und B-Vitaminen. Verwendet werden Mohnsamen in der Herstellung und Verzierung von Backwaren. Weiterhin dienten Zuchtformen des Schlafmohns (auch in Deutschland) als Ölpflanzen, um aus den Samen Mohnöl zu pressen (GRÜMMER 1955).

Im April 2005 warnte das Bundesamt für Risikobewertung in einer Pressemitteilung vor gesundheitlichen Schäden durch handelsüblichen Backmohn. Vorrausgegangen war eine Alkaloidintoxikation durch Morphin und Codein bei einem sechs Wochen alten Säugling. Dessen Mutter hatte dem Kind gegen dessen Schlafstörungen die abgeseihte Milch von aufgekochten Mohnsamen verabreicht. Das Bundesamt für Risikobewertung weist darauf hin, dass der Morphingehalt von Mohnsamen je nach Art, Herkunftsland und Erntezeitpunkt stark variieren kann. In letzter Zeit wird ein Anstieg der Morphinkonzentration verzeichnet. Es wird angenommen, dass die Mohnsamen durch neue maschinelle Erntemethoden mit Bruchstücken der Mohnkapseln oder mit Milchsaft verunreinigt werden. Dadurch werden die Mohnsamen, die keine oder nur sehr geringe Mengen an Alkaloiden enthalten, mit Morphin angereichert.

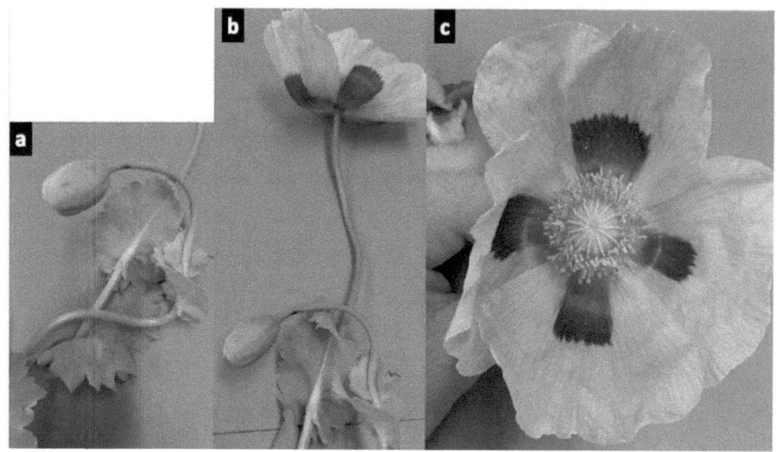

Abbildung 1: Habitus des Schlafmohns (Papaver somniferum). a) Knospe hängend, b) Blüte aufgerichtet, c) Habitus Blüte mit Kronblättern, Staubblättern und Narbenscheibe.

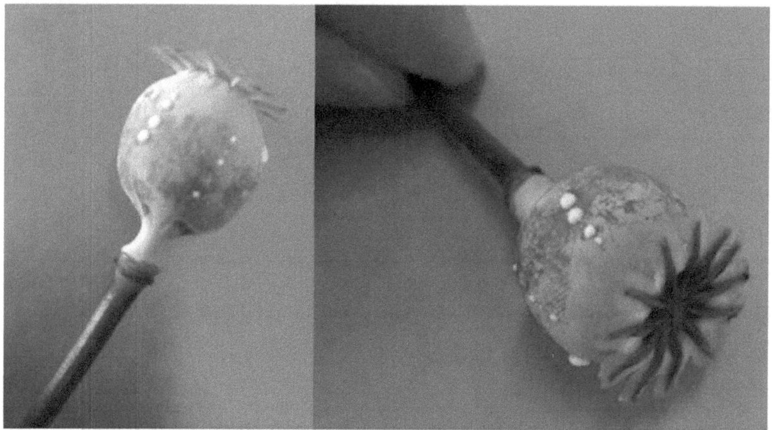

Abbildung 2: Unreife Kapselfrucht mit angeritztem Perikarp und austretendem Milchsaft.

Das Bundesamt für Risikobewertung empfiehlt vorläufig eine maximale tägliche Aufnahmemenge für Morphin von 6,3 µg/kg Körpergewicht. Dabei wird ein Morphingehalt von 4 mg pro Gramm Mohnsamen angenommen (BfR 2006). In Deutschland ist eine morphinarme Sorte von *P. somniferum* „Przemko" zum Anbau zugelassen, wenn dieser ausschließlich der Gewinnung von Samen zur Herstellung von Öl oder Backmohn dient, und bedarf einer Ausnahmeregelung nach dem Betäubungsmittelgesetz (BtMG). Der Anbau von

Schlafmohn zur Opiumgewinnung ist gemäß dem UN-Protokoll von 1953 auf Bulgarien, Griechenland, Iran, Indien und die ehemalige Sowjetunion, das ehemalige Jugoslawien und die Türkei beschränkt (BfR 2006).

Historisch wesentlich bedeutender als der Samen des Schlafmohns ist die Verwendung des Milchsafts und der darin enthaltenen pharmakologisch aktiven Substanzen. Alle Organe des Schlafmohns sind von einem dichten Netz untereinander anastomosierender Milchröhren durchzogen, die den weißen Milchsaft auf die ganze Pflanze (außer den Samen) verteilt. Besonders saftreich ist das Perikarp der unreifen Fruchtkapseln. Diese werden angeritzt (s. Abb. 2). Der austretende Milchsaft wird gesammelt und getrocknet. Daraus entsteht das harzartige Rohopium. Es enthält 20 – 25 % Alkaloide, von denen bisher 50 Alkaloide in reiner Form isoliert wurden (BfR 2006). Rohopium besteht aus Schleimstoffen, Kautschuk, Harz, Eiweiß, Zucker, organischen Säuren und geringen Mengen an Alkaloiden (Morphin, Codein, Thebain, Narkotin, Papaverin) (GRÜMMER 1955) (vgl.: Tabelle 1).

Tabelle 1: Vergleich der prozentualen Hauptbestandteile des Rohopiums nach GRÜMMER, KÜTTLER und dem BfR.

Alkaloid	**GRÜMMER 1955**	**KÜTTLER 2002**	**BfR 2006**
Morphin (%)	3 – 15	10	7 – 20 (12 %)
Codein (%)	0,2 - 7	0,5	0,3 – 6 (2 %)
Thebain (%)	-	0,2	0,2 – 1 (0,5 %)
Papaverin (%)	0,3 - 1	0,8	0,3 – 3 (1 %)

Diese Alkaloide, vor allem das Morphin, bilden die Basis für die Verwendung als Rauschgift oder Medikament. In früheren Zeiten wurde dazu noch Rohopium verwendet. Später wurden die Alkaloide chemisch aus den reifen Kapseln nach der Samengewinnung extrahiert. In der heutigen Zeit werden Morphin und dessen Derivate (Fentanyl, Sufentanil, Dipidolor u.v.m.) für pharmazeutische Zwecke voll synthetisch hergestellt (s. Abb. 3).

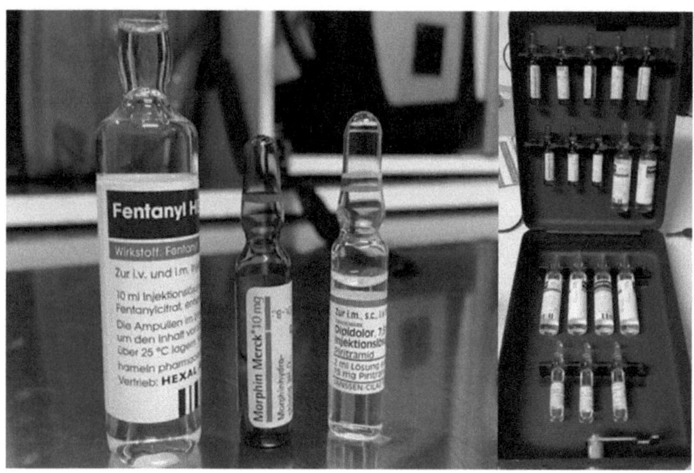

Abbildung 3: Vorhalt an Medikamenten auf Opioidbasis in der BTM-Box auf dem Notarzteinsatzfahrzeug (NEF) der Rettungswache Bad Dürkheim. Links: Fentanyl; Mitte: Morphin; Rechts: Piritramid (Dipidolor).

Abbildung 4: Strukturformeln der Hauptbestandteile des Rohopiums. Abgerufen auf www.awl.ch am 03.08.2017.

Morphin, Codein und Thebain werden der Stoffklasse der Phenanthrenalkaloide zugeordnet (chemisches Grundgerüst). Papaverin und Noscapin gehören zu den Benzylisochinolinalkaloiden (s. Abb. 4).

Die Morphinabkömmlinge weisen dabei eine unterschiedliche Affinität zu den µ-Rezeptoren auf. So ist die analgetische Wirkung von Fentanyl etwa hundertmal stärker als die des

Morphins. Bislang konnte noch kein Wirkstoff gefunden werden, der als Agonist selektiv an μ_1-Rezeptoren bindet. Durch diese Selektivität würden die Nebenwirkungen der Abhängigkeitsentwicklung und der Atemdepression bei der Gabe von Schmerzmedikamenten entfallen (ROEWER & THIEL 2013).

Das Morphin (($5R,6S,9R,13S,14R$)-4,5-Epoxy-N-methylmorphinan-7-en-3,6-diol; $C_{17}H_{19}NO_3$) macht mit etwa 12 % der Hauptbestandteil des Rohopiums aus. In der Medizin wird es enteral oder parenteral zur Behandlung starker bis stärkster Schmerzen verabreicht. Eine hypnotische Wirkung zeigt sich vornehmlich dann, wenn der Schmerz die Ursache der Schlaflosigkeit ist. Geringere Dosen lindern Dyspnoe. Die empfohlene Einzeldosis für Erwachsene wird mit 7,6 bis 45,6 mg angegeben, die Tageshöchstdosis liegt bei 273,3 mg. Eine starke Toleranzentwicklung erfordert bei längerer Morphingabe (chronische Schmerzpatienten oder präfinale Krebspatienten) eine progressive Erhöhung der Einzeldosen. Pharmakodynamisch entfaltet das Morphin seine Hauptwirkung an den μ-Rezeptoren des zentralen Nervensystems, wobei als gewünschte Wirkung eine Analgesie an den supraspinal-subkortikal gelegenen μ_1-Rezeptoren der Schmerzumschaltstelle des Stammhirns erfolgt. Als Nebenwirkungen treten μ_2-Rezeptor-vermittelt Euphorie und Toleranzentwicklung durch einen Anstieg des Dopaminspiegels im Nucleus accumbens auf, wobei die anxiolytische Wirkung bei Notfallpatienten (z.B. bei akutem Myokardinfarkt) durchaus erwünscht sein kann. Weitere Nebenwirkung sind Abhängigkeit, Miosis (Pupillenverengung), Atemdepression, die Dämpfung des Hustenreflexes und Obstipation. In der Pharmakokinetik wird oral verabreichtes Morphin hauptsächlich über den Dünndarm rasch resorbiert. Die Bioverfügbarkeit (pharmakologisch wirksame Plasmakonzentration) liegt durch den intestinalen (Dünndarmmukosa) und hepatischen (Leber) First-pass-Effekt bei einem Wert zwischen 20 und 40 %. Die Plasmahalbwertszeit liegt bei 2 – 3 Stunden. Eliminiert wird Morphin hauptsächlich über die Niere. Morphin ist stark lipophil und daher plazentagängig. Außerdem reichert es sich in hohen Konzentrationen in der Muttermilch an (BfR 2006). Eine akute Morphinintoxikation besticht klinisch durch die Trias aus Miosis, Atemdepression und Koma. Als Antidot steht Naloxon zur Verfügung, welches kompetitiv zum Morphin die Bindungsplätze der μ-Rezeptoren besetzt, ohne den nachgeschalteten Signalweg zu aktivieren. Problematisch ist die meist wesentlich kürzere Halbwertzeit des Naloxons gegenüber dem Opioid, was bei einmaliger Gabe zu einem Rebound-Effekt führen kann (ROEWER & THIEL 2013).

Das Codein ((5R,6S,9R,13S,14R)-3-Methoxy-17-methyl-4,5-epoxymorphin-7-en-6-ol; $C_{18}H_{21}NO_3$) ist ein Morphinderivat, das an der phenolischen OH-Gruppe acetyliert ist. Biochemisch zeigt sich dadurch eine Abnahme der analgetischen und euphorisierenden (suchterzeugenden) Wirkung bei Erhalt der antitussiven Eigenschaften. Eingesetzt wird das verschreibungspflichtige Medikament zur symptomatischen Therapie von trockenem Reizhusten durch die zentrale Dämpfung des Atemzentrums der Medulla oblongata (KÜTTLER 2002).

Ebenfalls als Antitussivum eingesetzt werden kann das Benzylisochinolinalkaloid Noscapin ($C_{22}H_{23}NO_7$). Dieses zeigt im Gegensatz zu Codein kein Abhängigkeitspotential, ist jedoch in der Wirkstärke deutlich geringer als das Opioid (KÜTTLER 2002).

4. Diskussion

Der Schlafmohn als Nutz- und Heilpflanze ist von hoher gesellschaftlicher Bedeutung. Persönlicher Vorliebe geschuldet liegt der Schwerpunkt dieser Arbeit auf den medizinischen und pharmazeutischen Grundlagen der Morphinderivate und deren Einsatz als Medikament. Aspekte der Medizingeschichte, der Entdeckung, Gewinnung und Anwendung in der Antike werden nicht weiter ausgeführt. So wurden Tinkturen des getrockneten Milchsafts zur Zeiten der Pest zur Schmerzlinderung und möglichweise auch im Sinne einer Sterbehilfe den Patienten verabreicht. Eine hohe Gesellschaftsrelevanz haben Opioide als Rauschmittel und Droge im Sinne des Betäubungsmittelgesetzes (BtMG). Gerade im Zusammenhang mit der Sicherheits- und Gesundheitserziehung im schulischen Umfeld sollte diese Thematik Teil der Drogenprävention sein. Erweitert wird dieses Feld durch die degenerative Entwicklung im chronischen Verlauf einer Opioidabhängigkeit, den damit verbundenen Entzugserscheinungen und ihrer Therapie sowie die Risiken und Behandlung einer (gewollten) Überdosierung im Rahmen einer akuten Intoxikation durch Opioide („Goldener Schuss").
Der Blick in die Chemie offenbart die Themencluster Aufbau und Funktion der Wirkstoffe, deren Synthesestrategien sowie Wirkstoffforschung und Arzneistoffentwicklung. Für die Gesellschaftswissenschaften bietet die Kulturgeschichte des Mohns ein reichhaltiges Angebot an Impulsen. Als geschichtlich und politisch relevantes Thema seien die Opiumkriege zwischen China und Großbritannien im 19. Jahrhundert genannt. Durch die britische East India Company wurden große Mengen in Indien produzierten Opiums nach China eingeführt.

Dies ließ die Zahl an Opiumabhängigen in China signifikant ansteigen, woraus eine ganze Reihe sozialer und wirtschaftlicher Probleme folgten. Aber auch in der Nahostpolitik der heutigen Zeit spielt das Problem des illegalen Anbaus von Schlafmohn zur Opiumproduktion in Afghanistan eine tragenden Rolle (s. Abb. 5).

Abbildung 5: Exportware Rauschgift: Afghanische Bauern in Schlafmohnfeldern in der Gegend von Kandahar. Quelle: www.welt.de (dpa).

So berichtete die WELT unter Berufung auf das UN-Büro zur Bekämpfung von Drogen und Kriminalität (UNODC) im November 2014 von einem Anstieg der Anbaufläche um 15 000 auf 224 000 Hektar und einer Steigerung des Ertrags von Rohopium um 17% auf 6400 Tonnen im Vergleich zum Vorjahr. Afghanistan produziere rund 80% des weltweiten Rohopiums. Der Anbau konzentriere sich auf 19 der 34 Provinzen. Rund 46% stammten aus der Taliban-Hochburg Helmand im Süden des Landes (WELT 2014). Die ZEIT veröffentlichte im November 2009 ein Interview mit Thomas Hartmanshenn, einem Mitarbeiter der Deutschen Gesellschaft für Technische Zusammenarbeit (GTZ). Hartmanshenn sprach im Monat davor mit Opiumbauern in Afghanistan über die Gründe für den illegalen Anbau von *Papaver somniferum*, um Maßnahmen planen zu können, die den illegalen Drogenanbau unattraktiv machen. Hartmanshenn führte aus, dass der zusätzliche Gewinn aus dem Opiumverkauf zum Teil die einzige Möglichkeit der Familienexistenz darstellt. Vor allem Wasserknappheit verursachten schlechte Getreideernten. Als Maßnahme schlug Hartmanshenn vor, die legalen Einnahmen der Bauern zu erhöhen, indem bessere

Bewässerungssysteme für Getreide etabliert wurden. Zum Nachweis des Erfolges nennt Hartmanshenn die Provinzen Badakhshan und Nangarhar, in denen drei Jahre zuvor noch mehr als 30 000 Familien Schlafmohn angebaut hatten. Diese Provinzen seien nun fast drogenfrei. Um dem Opiumanbau im Süden des Landes entgegenzuwirken schlägt Hartmanshenn vor, die Infrastruktur des Landes auszubauen. Bessere Straßen und funktionierende Mobilfunknetze würden es den Behörden ermöglichen den illegalen Drogenanbau in diesen Gegenden besser zu überwachen. Wichtig sei laut Hartmanshenn ein Fortschritt in allen Lebensbereichen: Landwirtschaft, Infrastruktur, Hygiene, Trinkwasserversorgung und Gesundheitssystem. Für die medizinische Versorgung würden bis zu 30% des Familieneinkommens ausgegeben werden (ZEIT 2009).

Auch in der weltweiten Kunst- und Kulturgeschichte ist der Schlafmohn und dessen Inhaltsstoffe vertreten. In Literatur, Gedichten, Geschichtsschreibungen, Volksmedizin, Gemälden, Mythen und Sagen lässt sich *Papaver somniferum* finden. Nicht zuletzt lässt sich der Name des Wirkstoffs Morphin auf den griechischen Gott der Träume, Morpheus, zurückbeziehen.

In seinem Buch „Opium – Eine Kulturgeschichte" gelingt es Matthias SEEFELDER die Vielfalt dieser Themen- und Fachgebiete zusammenzufassen und spannend auszuführen.

5. Einbindung in den Schulunterricht

Die Einbindung des Schlafmohns als Nutzpflanze in den Schulunterricht gelingt im Rahmen der Nahrungsmittelversorgung oder im Rahmen der Drogenprävention bzw. der Gewinnung und Wirkweise von Medikamenten. Im Teilrahmenplan Sachkundeunterricht der Grundschule finden sich keine Anknüpfpunkte für die o. g. Themen (vgl.: MBFJ 2006). Ebenso verhält es sich mit dem Rahmenlehrplan Naturwissenschaften für die Klassenstufen fünf und sechs (vgl.: MBWJK 2010).

Der Lehrplan für die naturwissenschaftlichen Fächer ab der Klassenstufe sieben bietet zwar thematische Anknüpfungspunkte in der Biologie mit den Themenfeldern vier „Pflanzen – Pflanzenorgane – Pflanzenzellen – Licht ermöglicht Stoffaufbau" und sieben „Informationen empfangen, verarbeiten, speichern", jedoch erscheint der Mohn hier als nicht geeignet. Im Themenfeld vier bietet sich die Wahl einer bekannteren Nutzpflanze an. Aspekte des Themenfelds sieben „können genutzt werden, um die Drogenprävention in der Schule zu unterstützen". Die Schüler und Schülerinnen lernen, dass Drogen störend in den Organismus eingreifen. Hier empfiehlt sich aufgrund der höheren Schülerrelevanz (Lebensbezug) eher der besser bekannte Trinkalkohol (Ethanol) als das Morphin des Schlafmohns. Im Themenfeld zehn der Chemie „Gefährliche Stoffe" werden zwar unter anderem Giftstoffe behandelt, die „bereits in geringen Mengen in den Stoffwechsel oder das Nervensystem von Lebewesen" eingreifen und dort Schaden verursachen. Jedoch ist auch hier die Vorstellung von Schlafmohn und seinen Inhaltsstoffen nicht zielführend (vgl.: MBWWK 2014).

Im Lehrplan Biologie der Gymnasialen Oberstufe werden im Wahlpflichtbaustein „Glück, Schmerz und Sucht" innerhalb des Themenfeldes „Information & Kommunikation bei lebenden Systemen" Opioidpeptide und Opiatrezeptoren namentlich genannt. Dabei soll Einblick in das Belohnungssystem des Gehirnes über Endorphine gegeben werden, deren struktureller Aufbau dem des Morphin ähnelt (s. Abb. 6). Weiterhin soll der Einfluss psychoaktiver Stoffe und Drogen auf den Körper besprochen werden (vgl.: MBWW 1998a).

Aus fächerübergreifender Sicht ist eine Zusammenarbeit mit dem Fachbereich Chemie möglich (s. Abb. 7). Auch hier bietet sich ein Wahlfach „Arzneimittel – Wirkstoffe und Medikamente" im Rahmen des Pflichtthemas „Benzol und Substitution" in der Sekundarstufe II an: „Der Umgang von den Reaktionen im natürlichen System zum Laborbetrieb fällt leicht, da zum einen die ersten Arzneimittel reine Naturprodukte waren und zum anderen die Wirkung der Medikamente im menschlichen Organismus letztlich auf einem natürlichen System beruht. In diesen Block soll deutlich werden wie der Menschen schöpferisch tätig werden kann. Er erzeugt neue Stoffe, zum Teil ohne Vorbild in der Natur, zum Teil abgewandelt und verbessert, weil Wirkungsmechanismen aufgeklärt und verstanden wurden und weil die Synthese-, Reinigungs- und pharmakologischen Prüfungsverfahren immer weiter verbessert wurden" (MBWW 1998b, S. 91). Klassischerweise wird hier das Aspirin gewählt, das über die Acetylieurung der Salicylsäure (Benzolderivat) synthetisiert werden kann. Für das Wahlfach stehen im Grundkurs sechs Stunden und im Leistungskurs acht Stunden zur Verfügung. Morphin als analgetischer Wirkstoff aus *Papaver somniferum* und seine vollsynthetischen Derivate eignen sich besser für den Leistungskurs (vgl.: MBWW 1998b).

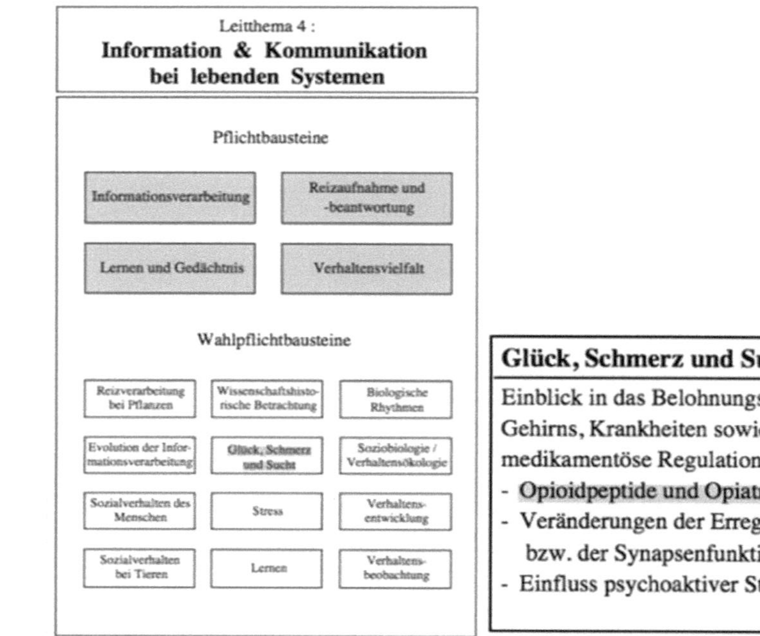

Abbildung 6: Auszug aus dem Lehrplan Biologie der Gymnasialen Oberstufe. Modifiziert nach MBWW 1998a, Seiten 35 und 61.

♦ **Arzneimittel**

Das Interesse der Schülerinnen und Schüler am Kontext Arzneimittel ist besonders groß. Die Erweiterung der Kenntnisse über den Atombau und Chemische Bindungen erklären den aromatischen Zustand und lassen das Verständnis organischer Synthesewege wie z. B. zum Aspirin zu. Die Anwendung analytischer Verfahren ist in diesem Zusammenhang unerlässlich für die Überwachung der Entwicklung, der Wirkung und des Metabolismus von Medikamenten. Historische Betrachtungen machen die Bedeutung des medizinischen Fortschritts für die Lebensqualität besonders deutlich.

66 W	Arzneimittel	8 Std

Die exemplarische Behandlung eines ausgewählten Beispiels soll den Weg vom Wirkstoff zum Medikament zeigen. Hierbei sollen auch historische und gesellschaftliche Entwicklungen erfasst werden. Die Bedeutung der Arzneimittel sowohl im pharmazeutischen als auch im volkswirtschaftlichen Bereich kann durch den Besuch eines pharmazeutischen Betriebs unterstrichen werden. Eine Einbeziehung des Bausteins „Chemie im Betrieb" ist empfehlenswert. Außerdem lernen die Schülerinnen und Schüler zukunftsträchtige Technologien wie z.B. „Molecular modelling" oder „Genetic engineering" kennen.

– Gegenüberstellung der Begriffe Wirkstoff - Arzneimittel	– Einbeziehung des Arzneimittelgesetzes
– Entwicklung, klinische Prüfung, Zulassung und volkswirtschaftliche Bedeutung	– Screening, Pharmakokinetik, Toxikologie, Galenik, Nutzen-Risiko-Abwägung
– Chemische Syntheseverfahren	– exemplarische Behandlung, z.B. Aspirin
– Analytische Untersuchungen	– z.B. Analgetika, Antipyretika; Antidots
	– Schülerübungen möglich, z.B. Bestimmung der Wirkstoffkonzentrationen in Antidots wie Sulfactin^R und Calcium vitis^R oder in Retard-Tabletten
– Gegenüberstellung verschiedener Arzneimittelgruppen, Indikationen und Wirkstoffabgaben	– FÜ Biologie: Resorption, Wirkung, Metabolismus, Exkretion
– Arzneimittelkunde aus historischer Sicht	– FÜ Geschichte, Sozialkunde, Religion, Ethik

Abbildung 7: Auszug aus dem Lehrplan Chemie für die Sekundarstufe II. Modifiziert nach MBWW 1998b, Seiten 31 und 97.

6. Zusammenfassung

Der Schlafmohn *Papaver somniferum* gehört zur Familie der Mohngewächse (Papaveraceae) und in die Ordnung der Hahnenfußartigen (Ranunculales). Als eine leistungsfähige Kulturpflanze begleitet er den Menschen seit Hunderten von Jahren. Frühzeitliche Belege für die Kultivierung von Mohn wurden bei Ausgrabungen von Pfahlbauten aus der Jungsteinzeit im dritten Jahrtausend vor Christus gefunden. Bis in die Gegenwart bedeutsam ist der Schlafmohn als Nutzpflanze, wobei seine Samen als Nahrungsmittel und zur Ölgewinnung genutzt werden. Als Heil- und Giftpflanze werden aus seinem Milchsaft Opioidalkaloide gewonnen, die als Medizin genutzt oder als Droge missbraucht werden können. Auch als Zierpflanze erfreuen sich Züchtungen aus dem Schlafmohn großer Beliebtheit.

Eine gesellschaftliche Relevanz ergibt sich aus dem Dilemma von medizinisch genutzten Schmerzmitteln auf der einen Seite und dem Missbrauch als Rauschgift auf der anderen. Speziell im Blickfeld Schule tritt hier die Drogenprävention in den Vordergrund. Diese wird im Rahmen des naturwissenschaftlichen Unterrichts in der Mittelstufe aufgenommen. Der Lehrplan für die Fächer Biologie und Chemie der gymnasialen Oberstufe greift dieses Thema wieder auf und erweitert es im Kontext der Neurobiologie um den Einfluss von Drogen auf die Informationsweiterleitung bzw. in der organischen Chemie um die Synthese und Analyse von medikamentösen Wirkstoffen. Als Thema für den Unterricht in den Fächern Sozialkunde und Geschichte eignen sich die Gründe für den illegalen Opiumanbau in Afghanistan und welche Maßnahmen dagegen ergriffen werden können.

7. Literaturverzeichnis

Bundesamt für Risikobewertung (2006) BfR empfiehlt vorläufige maximale tägliche Aufnahmemenge und einen Richtwert für Morphin in Mohnsamen. Gesundheitliche Bewertung Nr. 012/2006 des BfR vom 27. Dezember 2005. Im Text zitiert als: ...(BfR 2006)

Deutsche Presse-Agentur (dpa): Schlafmohn. Anbau in Afghanistan auf Rekordfläche. Veröffentlicht am 12.11.2014. Abgerufen auf https://www.welt.de/politik/ausland/article134258760/Schlafmohn-Anbau-in-Afghanistan-auf-Rekordflaeche.html am 21.08.2017. Im Text zitiert als: ...(WELT 2014)

Evans, Ch. (2004) Secrets of the opium poppy revealed. In: Neuropharmacology, Vol. 47 Suppl. 1. 2004. Pages 293 – 299. Im Text zitiert als: ...(EVANS 2004)

Friederichs, H.: Afghanistan. Weizen statt Schlafmohn. Veröffentlicht am 12.11.2009. Abgerufen auf http://www.zeit.de/politik/ausland/2009-11/afghanistan-mohn am 21.08.2017. Im Text zitiert als: ...(ZEIT 2009)

Grümmer, G. (1955) Der Mohn. Die neue Brehm-Bücherei. Heft 152. Kosmos-Verlag. Stuttgart. Im Text zitiert als: ...(GRÜMMER 1955)

Küttler, Th. (2002) Allgemeine Pharmakologie und Toxikologie. Kurzlehrbuch zum Gegenstandskatalog 2. 18. Überarbeitete Auflage. Urban & Fischerverlag. München. Im Text zitiert als: ...(KÜTTLER 2002)

Ministerium für Bildung, Frauen und Jugend RLP (MBFJ) (2006) Rahmenplan Grundschule. Teilrahmenplan Sachunterricht. Mainz. Im Text zitiert als: ...(MBFJ 2006)

Ministerium für Bildung, Wissenschaft, Jugend und Kultur RLP (MBWJK) (2010) Rahmenlehrplan Naturwissenschaften für die weiterführenden Schulen in Rheinland-Pfalz. Mainz. Im Text zitiert als: ...(MBWJK 2010)

Ministerium für Bildung, Wissenschaft und Weiterbildung RLP (MBWW) (1998) Lehrplan Biologie – Grund- und Leistungsfach der Gymnasialen Oberstufe. Mainz. Im Text zitiert als: ...(MBWW 1998a)

Ministerium für Bildung, Wissenschaft und Weiterbildung RLP (MBWW) (1998) Lehrplan Chemie Sekundarstufe II. Mainz. Im Text zitiert als: ...(MBWW 1998b)

Ministerium für Bildung, Wissenschaft, Weiterbildung und Kultur RLP (MBWWK) (2014) Lehrpläne für die naturwissenschaftlichen Fächer für die weiterführenden Schulen in Rheinland-Pfalz. Mainz. Im Text zitiert als: ...(MBWWJ 2014)

Müller-Esterl, W. (2011) Biochemie. Eine Einführung für Mediziner und Naturwissenschaftler. 2. Auflage. Spektrum Akademischer Verlag. Heidelberg. Im Text zitiert als: ...(MÜLLER-ESTERL 2011)

Roewer, N.; Thiel, H. (2013) Taschenatlas Anästhesie. 5. Aktualisierte und erweiterte Auflage. Georg Thieme Verlag. Stuttgart. Im Text zitiert als: ...(ROEWER & THIEL 2013)

Seefelder, M. (1996) Opium. Eine Kulturgeschichte. 3. Überarbeitete Auflage. Nikol Verlagsgesellschaft. Hamburg. Im Text zitiert als: ...(SEEFELDER 1996)

Bildquellen

- Arnold, W. (2016) http://www.awl.ch/heilpflanzen/papaver_somniferum/schlafmohn.htm
  (Stand: 03.08.2017)

- Deutsche Presse-Agentur (dpa) (ohne Jahr)
  https://www.welt.de/politik/ausland/article134258760/Schlafmohn-Anbau-in-Afghanistan-auf-
  Rekordflaeche.html#cs-Mohnanbau-in-Afghanistan.jpg (Stand: 21.08.2017)

8. Abbildungverzeichnis